大和童藝文工作室

Yamado tung Artist studio

序

【人物設計】一直以來都是喜愛動、漫的初學繪師，想要追求的創作能力，這也是目前 動、漫、遊的主流市場，很需要能夠創造角色 **"IP"** 的繪畫人材。

但動、漫初學者在學習過程中，常遇到的困擾就是 [骨架] 與 [立體感] 的表現問題，在模仿其他繪師的角色過程中，常因為不理解人體結構造成角色 比例失衡、服裝、姿態、背景深度等等問題，進而對自己的繪畫能力灰心與放棄，其實這些問題是可以透過學習與分析來改善。

雖然[骨架]與[立體感]這方面的教學訊息，初學者是可以透過市場上或網路上的資訊來收集大量其他繪師的作畫經驗與教學。
例如 : 美術藝用解剖學、透視的畫法、簡易的骨架組合........等等。

但初學者又遇到另一個困擾？ 藝用解剖學太真實、卡漫的簡易骨架教學又好像是另一個不同的結構組合的世界？ 這與人體結構與解剖有關連嗎? 這些種種問題都讓初學者不知道該如何遵循 ? 哪種技術教學才是標準 ?又或是，兩者都沒想法直接就是依樣畫葫蘆，用符號模仿方式畫久了就會了??

因此這本書就是想要針對這方面的問題，用輕鬆漫畫的方式，提出一套整合，來說明表現複雜的人體解剖與太過簡單的結構組合，它們的相互關係與轉換的邏輯與規則，希望能夠帶給初學者在學習路上不會迷失方向。

Henry Fong

推薦

龍華科大–遊戲系 盧大為主任

「ACGN」一詞包含：
動畫（Anime）、漫畫（Comics）、電子遊戲（Games）與小說
（Novels）等媒體元素。
隨著「二次元」的延伸，此詞的意旨已不單是某個產品的媒體類型，而象
徵今日全球各地的一個文化現象，同時成為每年突破紀錄具有驚人產值的
產業。
童均元老師在龍華科技大學多媒體與遊戲發展科學系任教多年，一直是本
系動漫教學的第一把交椅。童老師的教材內容豐富，教學方式細膩，教學
活動一向令同學印象深刻。對於「ACGN」產業的發展方向童老師有非常
深入的見解，並且對於台灣在這個產業未來前進的動力非常的關心。
因此童老師對於學生的訓練紮實並且透過各種管道讓學生未來就業能夠無
縫的接軌，並能夠將所學實際應用在產業上。
十八歲剛從高中職校畢業進入大學的時候，人生還有很長的路可以走，如
果發現原來所學的並不適合自己而動漫繪製及人物創作才是真正的興趣或
該加強的能力，這本書剛好就是這些想要培養職能或轉換學習跑道學生的
最佳資源。
多媒體相關科系的學生有些來自資訊、商管群類，有些本身是視覺傳達設
計相關科系的職校畢業生。每個學生的背景相異能力不同，但是透過本書
的教學都能夠以傳統與創新的角度去重新學習徹底了解人物形象創造的脈
絡並發展出一個穩定的學習成果。
看漫畫學漫畫
《卡漫解剖學》這本書以漫畫書的形式及結構透過角色間輕鬆有趣的互動
交織而成。結合傳統學院派的技巧與新世代繪畫的形式，本書透過幽默詼
諧的語彙詮釋出人物結構認知與製作方法和技術，是一本蘊含豐富學習內
容的「漫畫書」。

推薦

大笑出版社 社長 林子堯：

漫畫與動畫是許多人喜歡的創作和興趣，市面上的漫畫教學書也琳瑯滿目，大和童老師是個相當厲害的漫畫與動畫創作者，他的畫工功力相當深厚，如今很高興能夠看到他願意跟大家分享他創作的秘訣與寶貴經驗。

在畫漫畫的過程中，骨架是常常被忽略但卻相當重要的東西，但卻對角色有著相當大的影響，如果骨架不正確，就算眼睛再大、特效再多，角色的姿勢動作或是整體協調性，往往都會給人怪怪的感覺，相當可惜。

相信讀者在看完這本書後都會獲益良多，學到許多實用又寶貴的繪畫技巧與知識。

推薦

前輩摯友　高老師的推薦

人體藝用解剖學是對於人體內部結構，特別是運動系統中骨骼與肌肉造型進行深度的觀看與認識一門學問。

深刻掌握正確人體解剖相關概念即能夠傳神地描繪人(物)體動靜態，並進行動漫人物角色創造的設計工作或純藝術中的人物表現，對於以[人]作為表現對象的圖像設計相當重要。

有鑑於上述：

解剖概念的重要性，台灣動漫業界資深創作者童均元老師近年來即著手整理相關資料，並以漫畫形式首度出版了代表著作卡漫解剖學-(骨骼篇)，此書專為年輕學子量身訂做，除了美術設計賞心悅目，內容更以幽默風趣的故事情節進行條理分明的骨骼與肌肉介紹，全書在輕鬆閱讀的氣氛下提供完整的專業知識。

童均元老師

是動漫業界資歷豐富且認真踏實的創作者，很開心看到他的成就，希望此書在漫畫帶動的輕鬆氣氛下，提供給社會大眾相關的專業知識。

卡漫解剖學 (骨骼篇)

目錄

和童之村

呵~妳誤會了，我的意思，是你們都透過網路學習與實戰，很像浪人劍客一樣。

近代非院生，學習方式有一個歷史經驗流程，先是大量閱讀動漫作品開始對某畫家情有獨鍾，進而模仿和練習繪畫，但因為沒有老師的帶領，於是就自發上網(或買書)找尋答案。

但因為資訊，多半是許多老手的經驗整合，在加上學習者不喜歡文字閱讀，於是他們幾乎都是從臨摹，被整合過的造型符號圖形入手。

嗯~先畫臉十字形然後眼睛~

時間久了，他們對於某些符號形成的2D造型很拿手，可是一但要開始改變姿勢與模仿新角色，就多有困難或是出現個人習慣的表現風格，我稱他們為符號型畫家。

學院生和浪生不同的地方，在於他們一開始就被安排
到素描教室，學習畫畫。

他們一開始面對的是，生活中的實物
在視覺觀感全是立體，在傳統藝術裡
學的都是結構、光影和色彩。

在他們的腦海裡全是立體結構、比例、大小、光影數理和很多傳統材料的知識。

有趣的是，隨著學習的歷程，要在作品上有著顯著的表現這兩個路線的學生，會相互交叉到同一個點上，學習對方擅長的領域。

符號的學生也開始探討立體感、類3D骨架場景、透視。

就是你了！皮卡狼

但很多符號學者就會掛在這個點，退出與卡住

靠！老娘沒天份啦！！！

或是～

卡漫，幹嘛要立體？畫歪也是風格阿，故事精彩比較重要。

這樣說也沒錯啦～但，好故事加好畫面，有立體層次，不是更好嗎？

傳統藝術的學者開始探討，哲學、觀點、符號、抽象、簡化。

但對於寫故事、特效、軟體、分鏡，卻很不擅長。

其實傳統藝術的學生轉畫卡漫是很快的，因為基礎繪畫能力都被建立好了
只要將"複雜"簡化就好，或是寫實也是很棒！

但藝術家很有理念，
是不會選卡漫這條路的。

不管哪個領域都有它的價值，本書並非要討論，學習者該如何選擇才對。

而是發現符號初學者都因資訊太多，加上領域知識上沒有整合，於是多半畫到一個程度就停下來了或灰心退出。

好難～我沒天份

算了我去cosplay好了！

等一下啦～不要衝動！

傻孩子，青春有限，妳若是老了，想要在這領域發展，到頭來還是要面臨基礎繪畫，繞了一圈又要重頭開始，因為年紀、體力更差，那就更沒耐力學了。

符號與結構

初學者若要開始學畫，就要先理解，符號與結構的差異。

符號？

符號就是指圖形與造型透過有計畫的組成來做訊息傳達和表達

這是一棵樹！

這間是女生～我可以進去。

初學者都是藉由看到這些訊號，來感受圖形和喜歡的心情。 例如：

"符號"

眼型、眼神，符號。

臉型符號

這些都是創作者，已經在一定的知識水平下，整理出來的訊號組合，而初學者所看到的只是一個造型，然後很美很喜歡。

髮型符號

比例

顏色

結構體，是透過，點、線、面，構成正方形的"面"，構成視覺上的正方形立體，而結構體種類不單單只有正方形，還有圓形、三角形、圓形與三角形的複合體"蛋形"和圓柱形..等等。

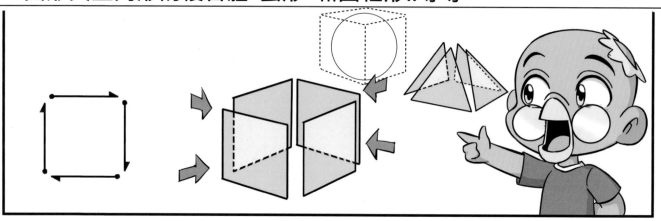

然後利用不同的座標讓２Ｄ的平面矩形結構成視覺上３Ｄ的立體效果。

早期的透視
也是這原理喔～

這些製圖的技巧也常被畫家用在平面作品上表現立體的方法。

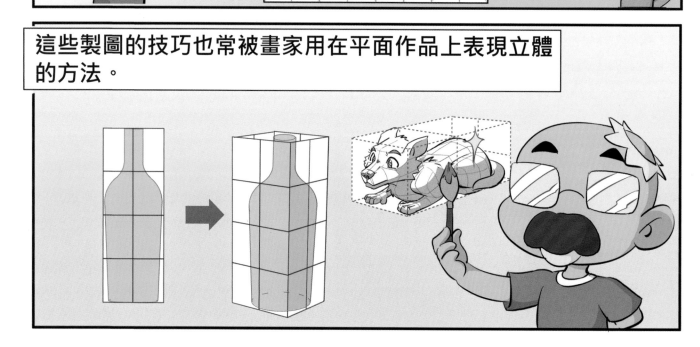

發展至今日，有很多醫學解剖跟漫畫家，也會用相同知識理論套用在作品或教學上使用。

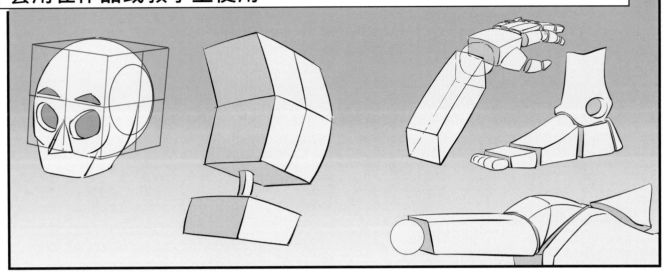

近代一直有人推崇，若想創作CG插畫與人物設計，初學者一定要學習 " 結構 " 和 " 傳統藝用解剖學 "。而這兩種形式，都有共通性就是用簡易單純的 "符號" 組合表現出立體，然後將結構堆疊成合理的頭型與整體人形。

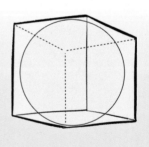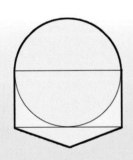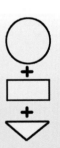

這兩種型式又以"藝用解剖學"最難學習，但又是很多初學者都認為應該學的高等技術。因為它會牽連到畫面的穩定度和上色立體與造型整合的重要關鍵。

可是傳統解剖學對初學者來說太沉重了。
一、太寫實，看到解剖的大體就和看到鬼！已相去不遠。
二、"２０６"塊骨骼加上筋肉，對初學者來說太過複雜。

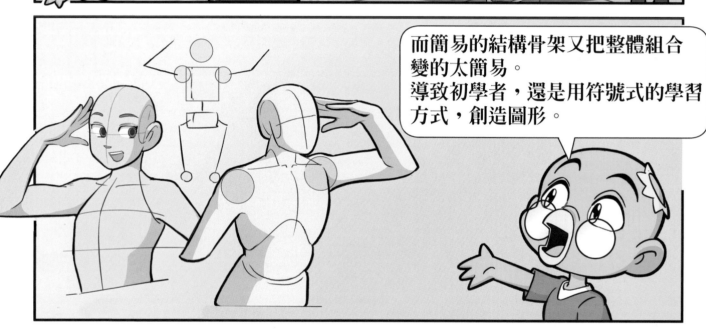

而簡易的結構骨架又把整體組合
變的太簡易。
導致初學者，還是用符號式的學習
方式，創造圖形。

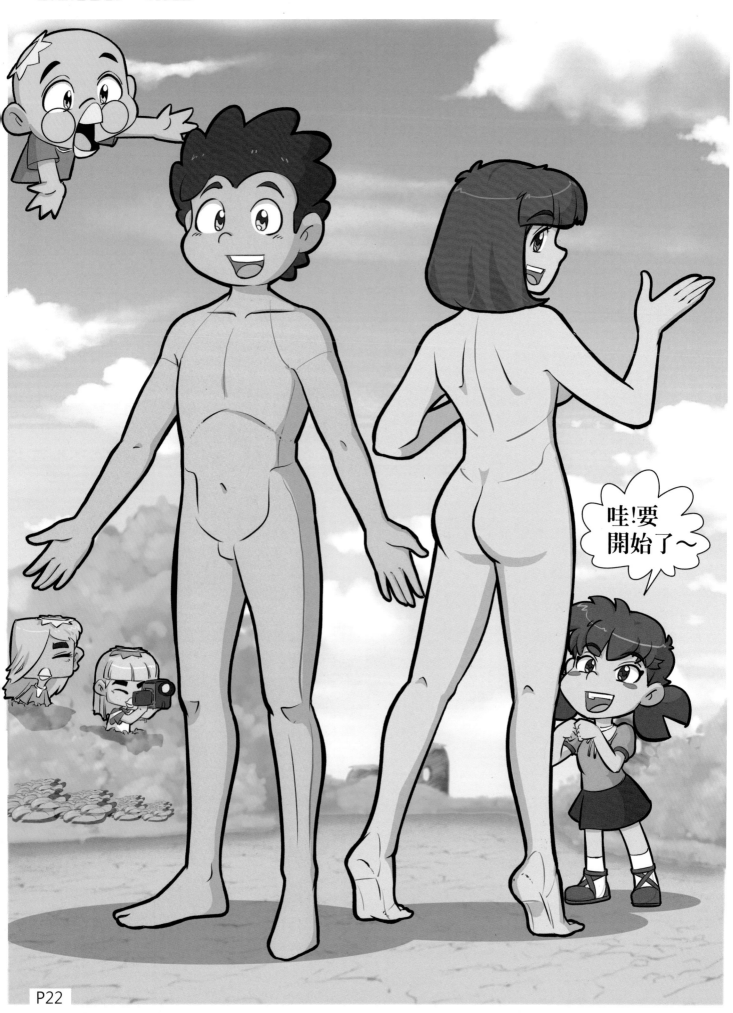

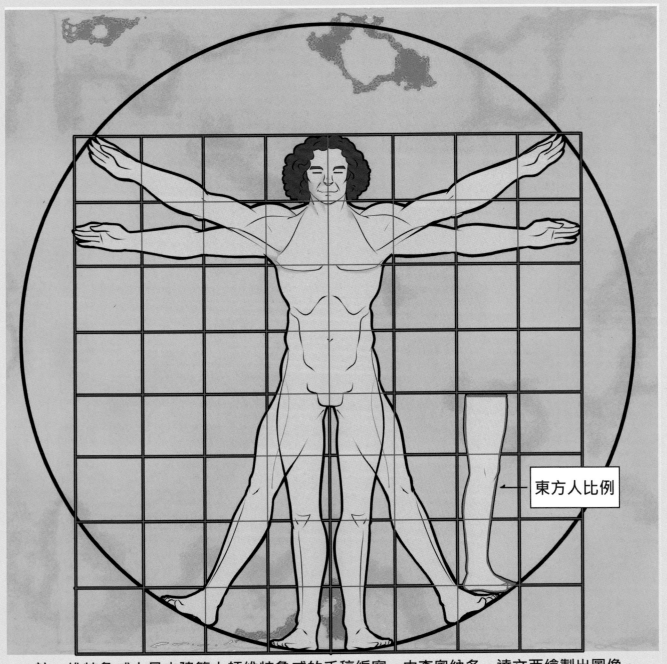

東方人比例 ←

註：維特魯威人是由建築大師維特魯威的手稿編寫，由李奧納多‧達文西繪製出圖像。
　　東方人比例，日本動畫"輕音部"就有這種頭身比例的設計。

說到人體解剖就要先提到達文西老師的維特魯威人。
這份教學資料雖然沒有體內的訊息，但是他提到了
初學者都該注意的比例觀念和黃金比例的訊息。
要注意的是東方人與西方人的基因不同，維特魯威
人是呈現8頭身，東方人就較矮小，大約介於7或
6.5頭，差異點是小腿比較短。

頭部

頭部是很多初學者一開始就會碰到的問題。
學員多半會用平面配置的概念思考，有點像幼稚園玩的遊戲一樣。

嗯～該擺哪才對？

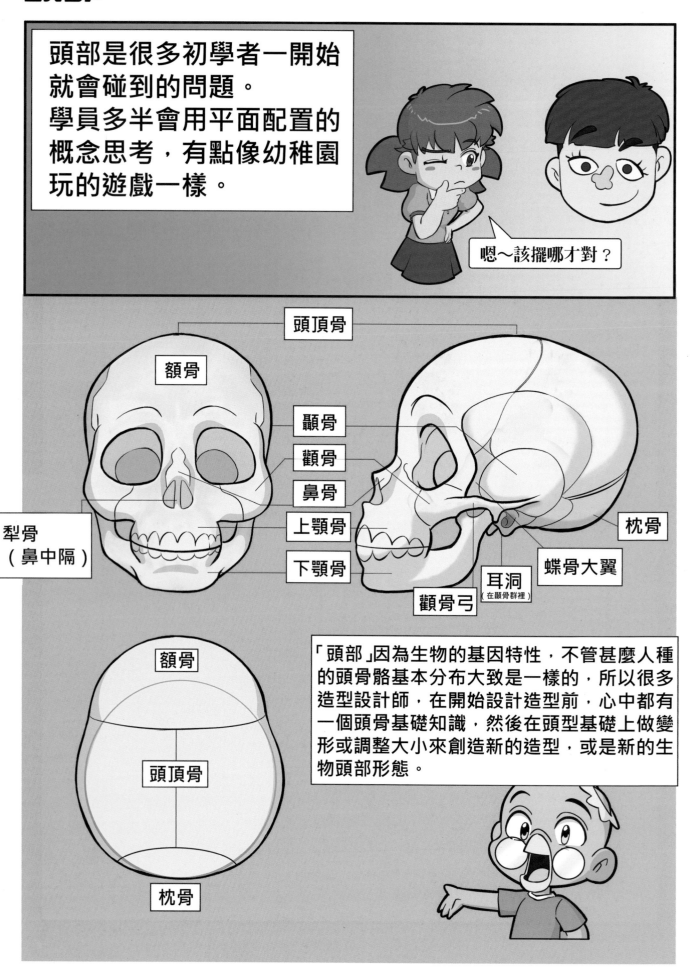

頭頂骨

額骨

顳骨

顴骨

鼻骨

上顎骨

下顎骨

犁骨
（鼻中隔）

枕骨

蝶骨大翼

耳洞
（在顳骨群裡）

顴骨弓

額骨

頭頂骨

枕骨

「頭部」因為生物的基因特性，不管甚麼人種的頭骨骼基本分布大致是一樣的，所以很多造型設計師，在開始設計造型前，心中都有一個頭骨基礎知識，然後在頭型基礎上做變形或調整大小來創造新的造型，或是新的生物頭部形態。

小叮嚀:
卡漫解剖學均為簡化人體各部位形體，若要詳解還請查閱藝用解剖學

職業畫家就發現可以用簡單的矩形符號，來替代複雜的頭形骨骼，進而在漫畫教學相關的書裡一開始的起手勢，就是用矩形符號來組合人的臉形。

既然這樣，初學者就用簡單的符號來練習組合，幹嘛學頭形骨骼？

好問題！！

初學者若不知到骨骼變矩形的由來，他們會有兩個問題。

第一：
不了解漫畫家，用什麼思考角度來設計造型，臨摹起來很辛苦，並且花很長的時間捕捉五官的組合，時間久了會懷疑自己是不是沒天份，或是練成另一種特別的符號風格，連自己都不知道怎辦到的，於是誤認自己是個天才，開始會鄙視新進入這環境的新人

第二：
就是當初學者努力練到某一程度時，開始要設計自己的創作時，他們就發現無結構根據可以進行變形與變化方面的知識，於是陷入創作的苦惱，這又是一個認為自己沒天份的開始。

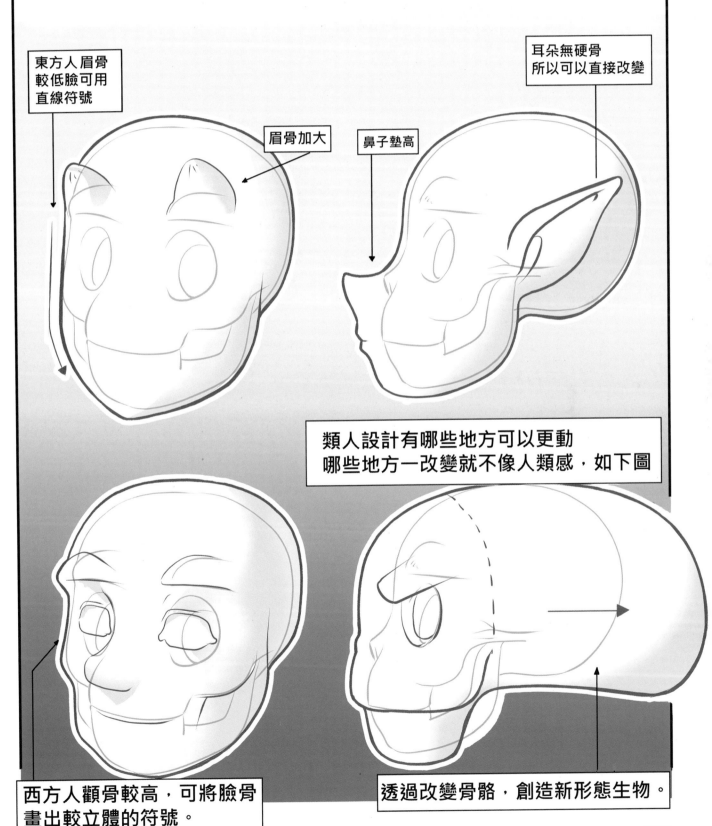

東方人眉骨較低臉可用直線符號

眉骨加大

鼻子墊高

耳朵無硬骨所以可以直接改變

類人設計有哪些地方可以更動哪些地方一改變就不像人類感，如下圖

西方人顴骨較高，可將臉骨畫出較立體的符號。

透過改變骨骼，創造新形態生物。

眼睛

接下來就是頭形之後的眼球和眼睛～

對！對！我就是一開始就是從眼睛開始失敗的！

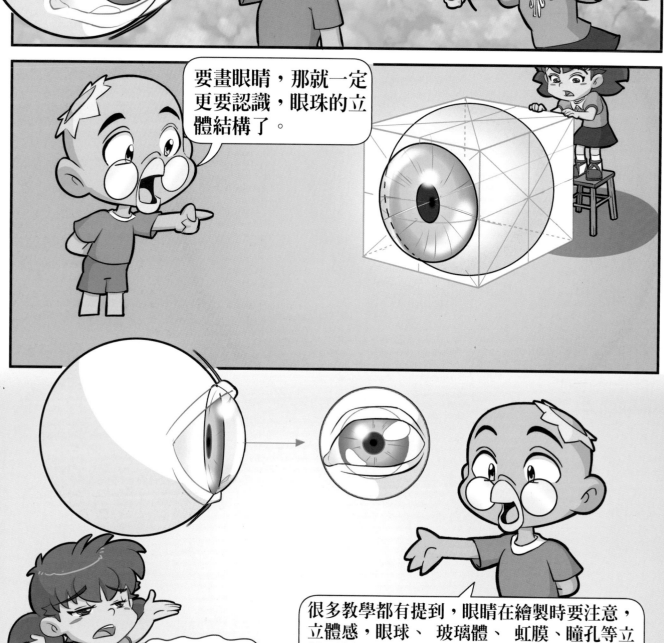

要畫眼睛，那就一定更要認識，眼珠的立體結構了。

是阿'知道歸知道～但畫的時候，立體效果就是出不來。

很多教學都有提到，眼睛在繪製時要注意，立體感，眼球、玻璃體、虹膜、瞳孔等立體關係，就以立體來說，很多初學者多半聽得懂概念，但實際操作上做不出來。

初學者看到的範例，多半已經是被簡化的眼形，立體感好像用平面公式來處理就好，但實際操作，又好像對不上模仿對象的立體感。

對阿～這跟眼珠結構有什麼關係？應該是風格學不來吧。

問題1. 不是風格問題，眼球結構不但影響水晶體受光與瞳孔位置，眼瞼外形還會影響角色個性與種族，先抓住眼皮 (眼瞼)的形狀，這就是造型設計的起手式，妳的眼形或是繪師的眼形是屬於哪種?你有想過嗎??

問題2. 眼皮(眼瞼)定型後並非就完成，還需上妝才有美感，所以眼睛設計是個複合式的觀念與技能，不是簡單的立體感教學就搞定或理解的事。

註: 眼型設計是先不考慮玻璃體、虹膜、瞳孔、風格表現，只要你先了解眼球立體規則，這樣在創作或模仿就會進入狀況。

眼睛的定位，可以依頭骨的眼洞位置放上去，就不會有在比例上的失誤。

原來如此我懂了！

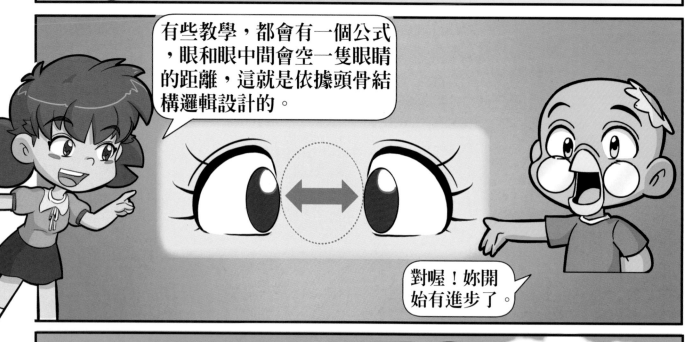

有些教學，都會有一個公式，眼和眼中間會空一隻眼睛的距離，這就是依據頭骨結構邏輯設計的。

對喔！妳開始有進步了。

等等，我覺得怪怪的？印象中，有些老師的漫畫造型，眼睛並沒有這規則耶？？

哈哈，妳問到重點了

ㄜ 啊～為什麼打我

啪

這是風格與型式的設計。
像鳥山明老師就有這種效果。

悟擊～!!

在卡漫裡人物設計，的確有圖型風格(也就是符號)，但站在初學者角度來說，你們還是要從基礎概念學習這樣在改變風格時，才有所依據也能建立好看的風格。

註：底圖是正面骨骼

眼睛往中平移

預留鼻子的高度。

臉型在小也會留嘴的位置。

在生物規則裡尋找改變的方法

這我用平面公式也可以辦到啊

妳忘了被客戶要求改角度了嗎？

當你沒有頭骨結構，來做基底讓平面做出來的比例有個邏輯，遇到45°就要重新找感覺。

沒有結構當基底你無法得知眼睛要往中間推多少

對吼～改角度的確是個初學者的死穴。

走吧！
我們往下看胸部結構。

胸部與鎖骨

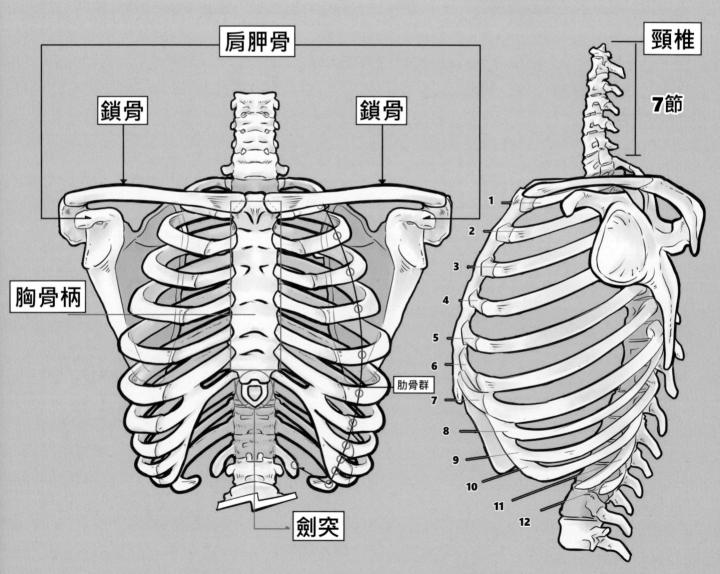

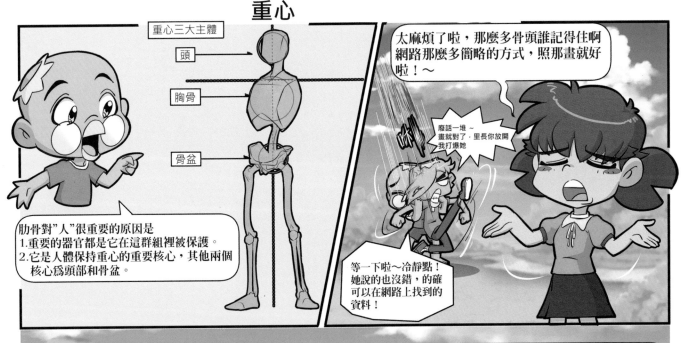

網路簡易肋骨看似簡單，但實際上它有複雜的一面，不說出來你是不會懂繪製的竅門。
1. 第一環肋骨與頸椎，它是可變可動的。
2. 鎖骨這扣住手臂轉骨讓手可以動的。
3. 肩胛骨這也是扣住手臂的部分，它和鎖骨一前一後的扣住手臂轉骨讓手可以多方位的轉動。
4. 腰椎，它的特性是只有2段末環狀連結的結構，所以可讓上腰身可轉動。

就因為其特性複雜，我們才會從網路上看到不同的詮釋教學，接下來我們來看看有哪幾種結構法

一、梯形結構法

梯形優化修圖後 加上鎖骨和肩胛骨

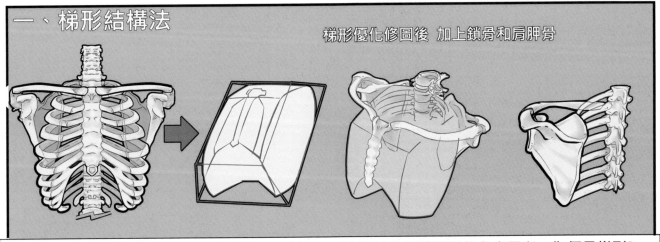

有些教學上會將胸骨梯形化(例如:藝用解剖學)，這是以骨骼整體型態角度思考，為何是梯形?
原因是胸骨由正面看會像橄欖球的橢圓形，但從45°or 側面你會發現它並非正圓形而是扁橢圓，體積是和正面不同的，剛好就像是可以放進梯形方塊的結構裡，所以有些教學會以梯形結構來帶入胸骨群組，來呈現人體的立體感和比例，當然也有持不同角度與形體觀念的教學。
正也是如此，建議初學者先了解真實骨骼形狀，這樣別的教學用甚麼符號形體代替，我們馬上可以進入狀況並吸收他人經驗與知識。

二、蛋形模擬結構法

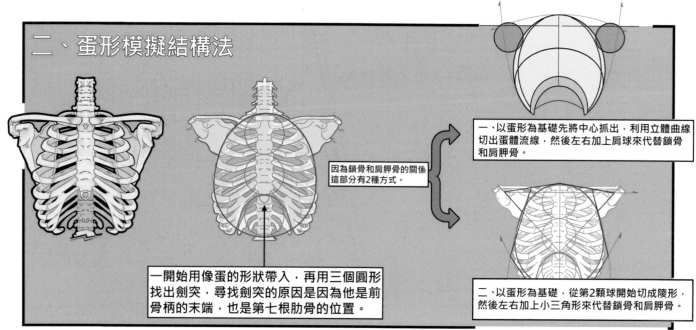

因為鎖骨和肩胛骨的關係這部分有2種方式。

一、以蛋形為基礎先將中心抓出，利用立體曲線切出蛋體流線，然後左右加上肩球來代替鎖骨和肩胛骨。

二、以蛋形為基礎，從第2顆球開始切成陵形，然後左右加上小三角形來代替鎖骨和肩胛骨。

一開始用像蛋的形狀帶入，再用三個圓形找出劍突，尋找劍突的原因是因為他是前骨柄的末端，也是第七根肋骨的位置。

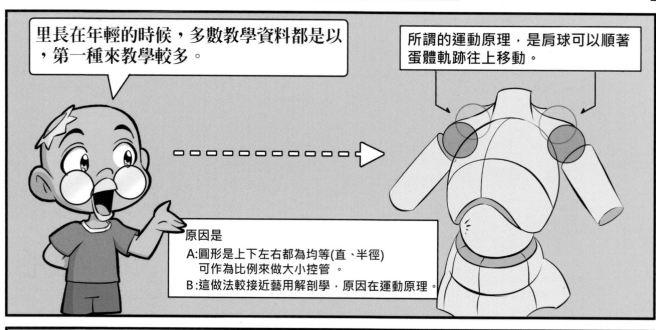

里長在年輕的時候，多數教學資料都是以，第一種來教學較多。

所謂的運動原理，是肩球可以順著蛋體軌跡往上移動。

原因是

A:圓形是上下左右都為均等(直、半徑)可作為比例來做大小控管。

B:這做法較接近藝用解剖學，原因在運動原理。

缺點是，自學生沒學過藝用解剖學，中間的蛋形還勉強可以抓得出來，但2個肩球要放上去，就學到痛苦的放棄。

這要放哪？它要畫多大？

傷腦筋

還是這麼大？

這麼大

"陵形"是近年在網路常出現的教學方式，它的優點是初學者很容易用矩形做到，大大增加作畫信心。

哇！好容易這個好！

缺點是，因為沒有球形軌道參考，手抬起來會出現肩部迷之空間，肩膀就不見了。

咦？...肩膀怎麼怪怪的

兩種方式，問題都是在骨架與肌肉之間，簡約結構設計所造成的，如果2者加起來就結構完整了。

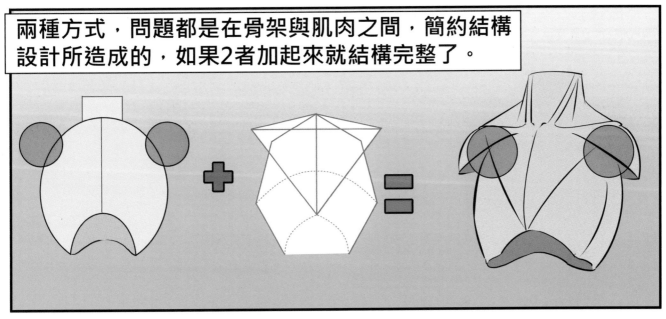

兩種方式加起來，就可以彌補骨架與肌肉的不足
而網路上也有這樣的教學喔！

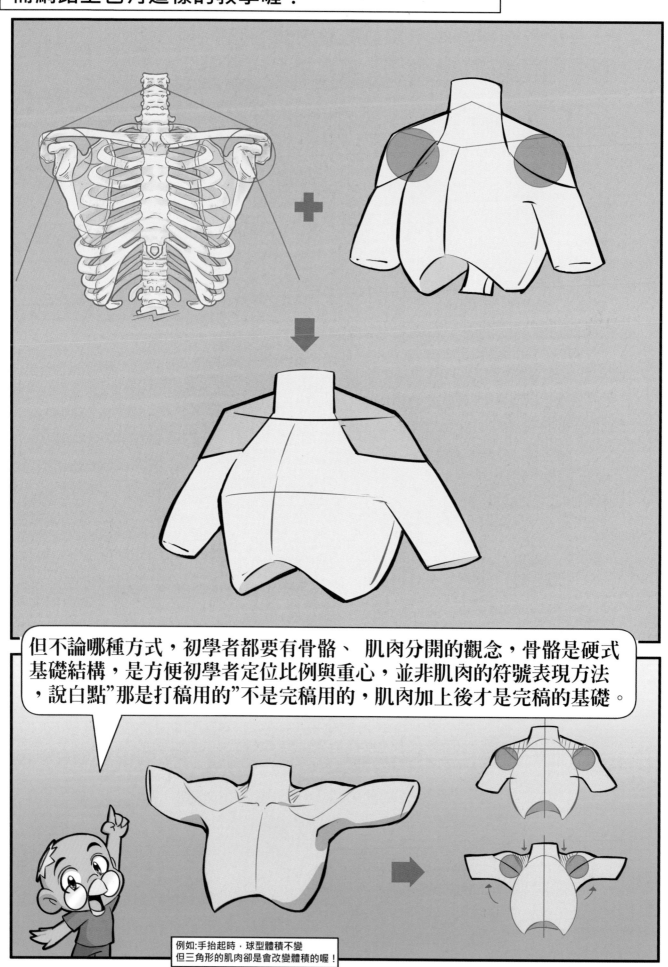

但不論哪種方式，初學者都要有骨骼、 肌肉分開的觀念，骨骼是硬式
基礎結構，是方便初學者定位比例與重心，並非肌肉的符號表現方法
，說白點"那是打稿用的"不是完稿用的，肌肉加上後才是完稿的基礎。

例如:手抬起時，球型體積不變
但三角形的肌肉卻是會改變體積的喔！

註:有關肌肉部分會在另一本書介紹

原來如此，我之前也卡在手臂抬不起來的情況，在網路上單學一種技巧，還真不能解決繪畫技巧上全部的問題。

啊～這麼快就懂了喔！可惜!為什麼不反抗一下我挖得很辛苦。

嘎！

她是客人，而且我還沒說完！

初學者還有另一個問題，就是立體概念。

肋骨並不是正橢圓形，它的正面是偏平面，直到側面才有曲線往後轉折，一直到脊椎為止。

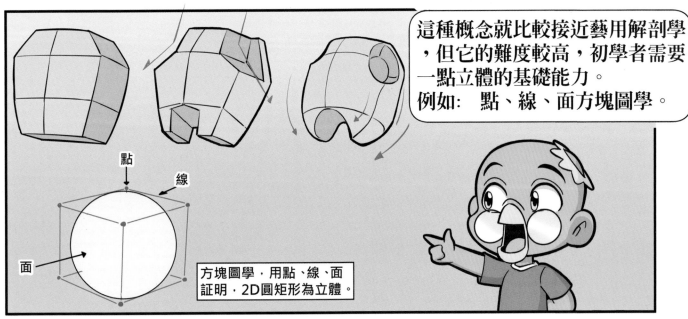

這種概念就比較接近藝用解剖學，但它的難度較高，初學者需要一點立體的基礎能力。
例如：點、線、面方塊圖學。

點

線

面

方塊圖學，用點、線、面証明，2D圓矩形為立體。

肩胛骨與手臂

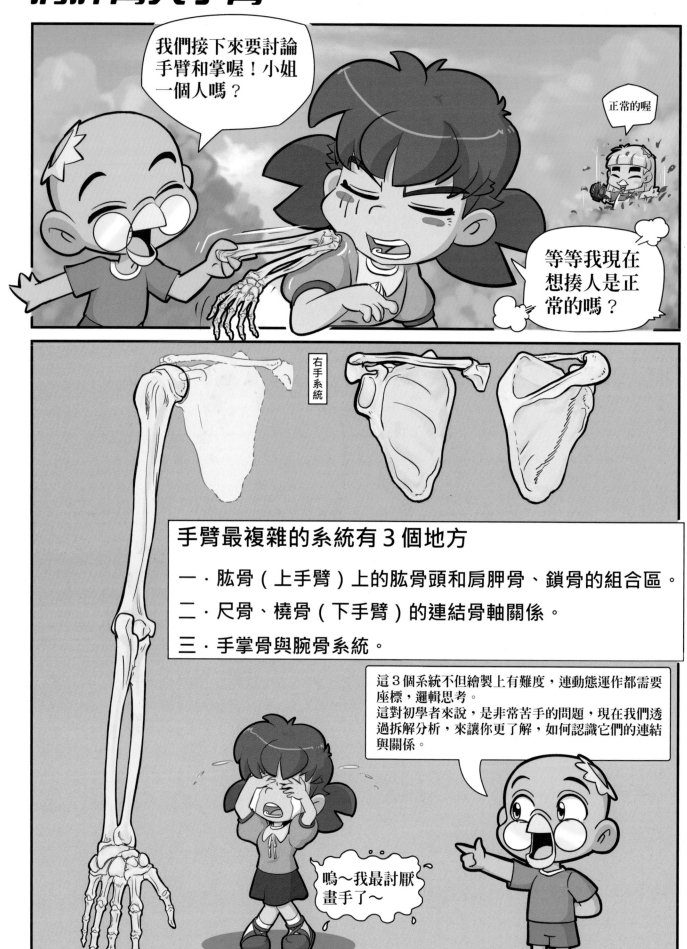

我們接下來要討論手臂和掌喔！小姐一個人嗎？

正常的喔

等等我現在想揍人是正常的嗎？

右手系統

手臂最複雜的系統有 3 個地方

一．肱骨（上手臂）上的肱骨頭和肩胛骨、鎖骨的組合區。

二．尺骨、橈骨（下手臂）的連結骨軸關係。

三．手掌骨與腕骨系統。

這 3 個系統不但繪製上有難度，連動態運作都需要座標，邏輯思考。
這對初學者來說，是非常苦手的問題，現在我們透過拆解分析，來讓你更了解，如何認識它們的連結與關係。

嗚～我最討厭畫手了～

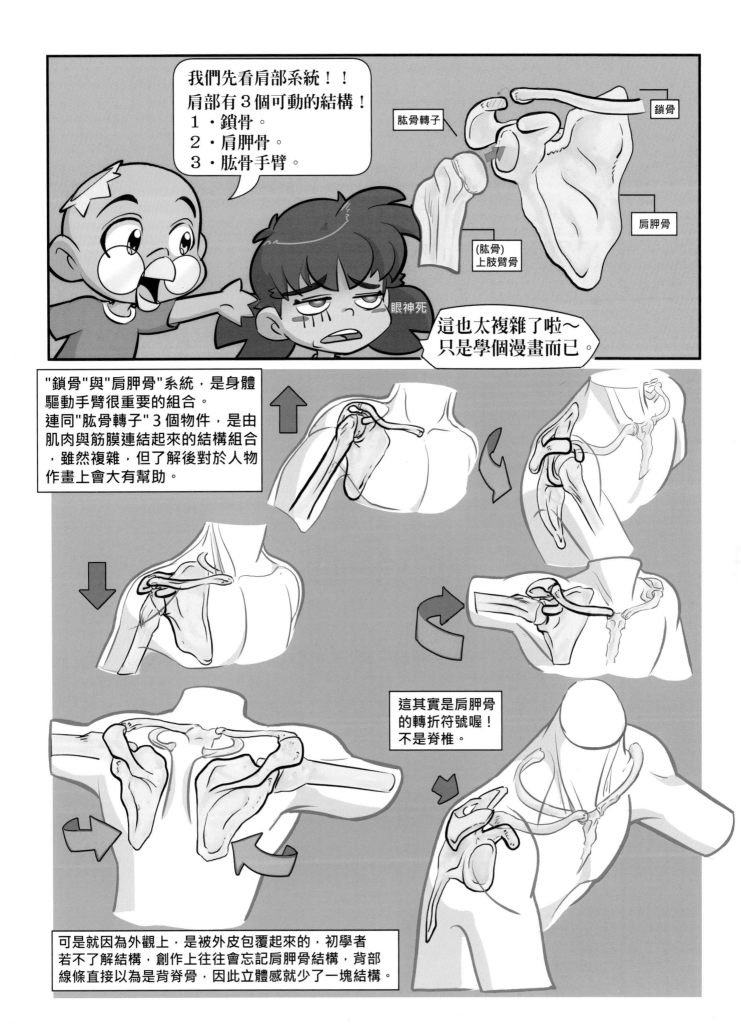

我們先看肩部系統！！
肩部有3個可動的結構！
1・鎖骨。
2・肩胛骨。
3・肱骨手臂。

肱骨轉子

鎖骨

(肱骨)
上肢臂骨

肩胛骨

眼神死

這也太複雜了啦～
只是學個漫畫而已。

"鎖骨"與"肩胛骨"系統，是身體
驅動手臂很重要的組合。
連同"肱骨轉子"3個物件，是由
肌肉與筋膜連結起來的結構組合
，雖然複雜，但了解後對於人物
作畫上會大有幫助。

這其實是肩胛骨
的轉折符號喔！
不是脊椎。

可是就因為外觀上，是被外皮包覆起來的，初學者
若不了解結構，創作上往往會忘記肩胛骨結構，背部
線條直接以為是背脊骨，因此立體感就少了一塊結構。

別說了，太複雜了我快要吐了。嘔～

好！好～～結束了我們接下來要說簡單的了。

先了解複雜我們才知道別人精簡的邏輯，這樣不至於越學越歪～

了解

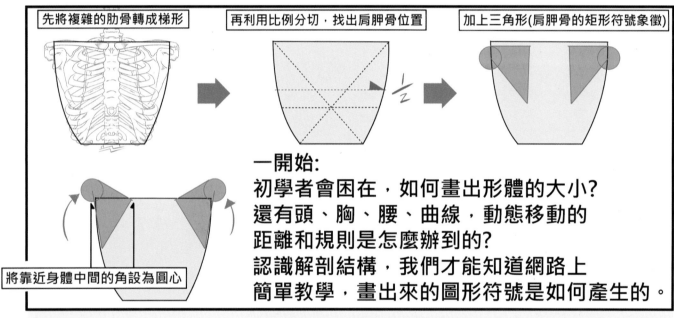

先將複雜的肋骨轉成梯形

再利用比例分切，找出肩胛骨位置

加上三角形(肩胛骨的矩形符號象徵)

½

將靠近身體中間的角設為圓心

一開始：
初學者會困在，如何畫出形體的大小？
還有頭、胸、腰、曲線，動態移動的
距離和規則是怎麼辦到的？
認識解剖結構，我們才能知道網路上
簡單教學，畫出來的圖形符號是如何產生的。

範例：

三角形放在這個位置

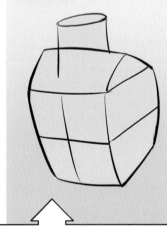

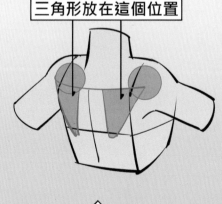

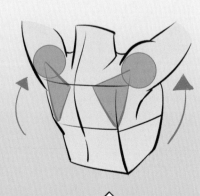

這是網路常出現的胸腔結構，在結構上有線條那就是肩胛骨線的設定

如範例，把胸體結構分成一半上半部放上三角形。

手抬起時就會帶動三角形往上轉動，並且會有動態邏輯規則。

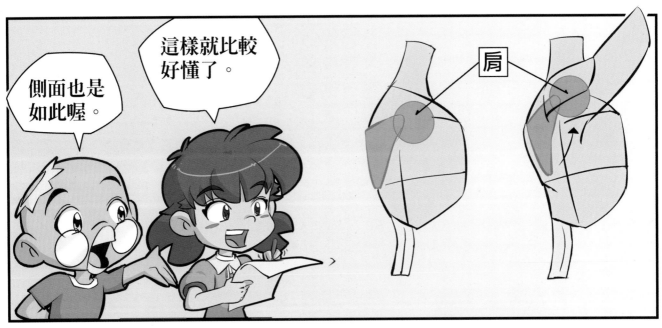

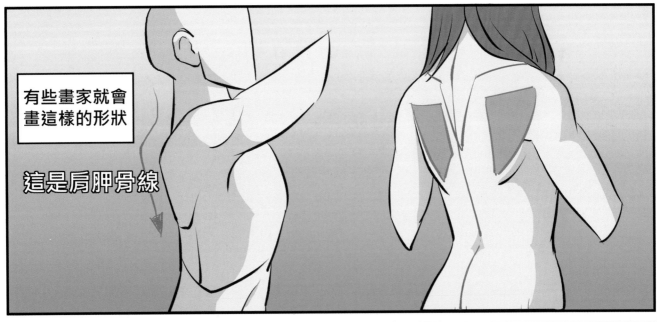

手臂（上肢臂）

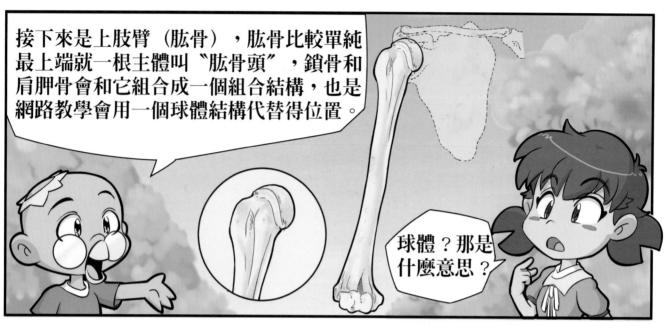

接下來是上肢臂（肱骨），肱骨比較單純最上端就一根主體叫〝肱骨頭〞，鎖骨和肩胛骨會和它組合成一個組合結構，也是網路教學會用一個球體結構代替得位置。

球體？那是什麼意思？

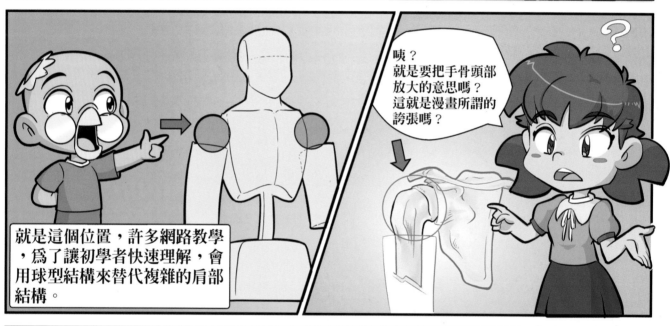

就是這個位置，許多網路教學，為了讓初學者快速理解，會用球型結構來替代複雜的肩部結構。

咦？就是要把手骨頭部放大的意思嗎？這就是漫畫所謂的誇張嗎？

不是喔！簡易球體教學是有帶肉的體積，裡面是有骨、肌複合的概念形狀。

那我們學這個不是更快嗎？

嘿嘿嘿中計了

很多初學者都喜歡這種快速的公式，可是一開始畫就發現除了肩胛骨的問題連帶肩膀（肱骨）組合都因太簡易的抽象結構產生不理解與困惑

對耶，這球要畫多大多小啊？

這區域是

一‧（前）
　大胸肌結束位置

二‧（後）
　括背肌和大圓肌
　的位置

肱骨頭

肱骨

肱骨小頭

肱骨滑車

不用擔心，骨骼之後我們會在談肌肉和結構
這裡我們先記重要的部分
一‧肱骨頭和肩胛骨、鎖骨是連動關係
二‧肱骨1／2上方的區域是大胸肌結束的地方

我們往下看下肢臂的部位吧！

手臂(前臂)

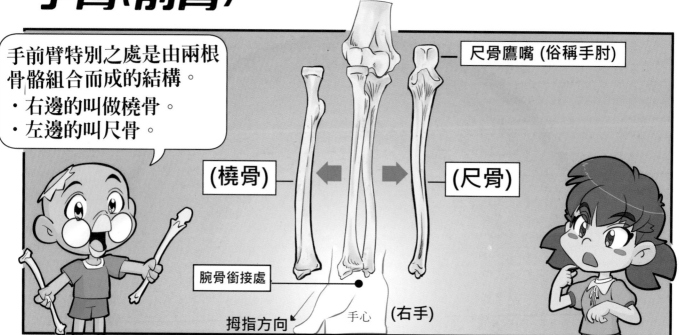

手前臂特別之處是由兩根
骨骼組合而成的結構。
・右邊的叫做橈骨。
・左邊的叫尺骨。

尺骨鷹嘴 (俗稱手肘)

(橈骨)　(尺骨)

腕骨銜接處

拇指方向　手心　(右手)

初學者必須了解，前臂是由兩根骨頭組合而成的結構，轉動時兩個手骨會配合
角度做有限度的扭轉，接手掌的一端旋轉軸心是會左右翻轉。

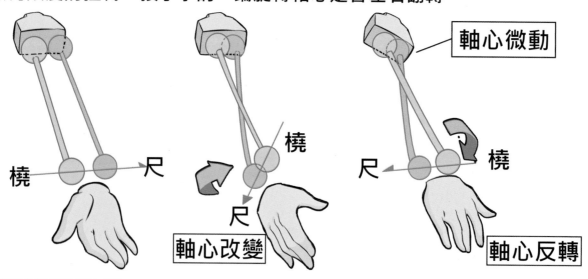

軸心微動

橈　尺

軸心改變

尺　橈

軸心反轉

手肘轉動，就像上面的意示圖，
它們有一個軸心邏輯，轉動後
左右邊的手腕骨，位置就會改變。

可是簡易教學只有
一個圓柱和球體代
替手掌的旋轉，看
不到立體的變化。

簡易結構的確很方便打稿，但初學者若瞭解手前臂骨骼結構，完稿時就能夠知道哪些地方有立體凹凸，而整個質感就能更提升喔!

尺骨凸起處

(右手)

尺骨凸起處 ——— (橈骨)

可是里長,我的手並沒有看到凸起來的骨頭啊?表示結構不同嗎?

......這個喔

其實不難你只要記住尺骨連小指橈骨接拇指就好了。

這樣就簡單多了!

手肘

完稿時會有凸起骨

尺骨頭接小指

橈骨頭接拇指

橈骨關節在內側比較看不到

完稿時會有凸起骨

我們聊一下,你剛剛484說了什麼。

玻璃擊碎

不用擔心啦,只要油脂過多,骨凸就會比較看不出來了。
我們走去看手骨了。

失去理智的鄉民!!

我是說美女才有這種特徵啦! 冷.....呃......靜......去看...美女的手骨......呃

手掌(腕骨系統)

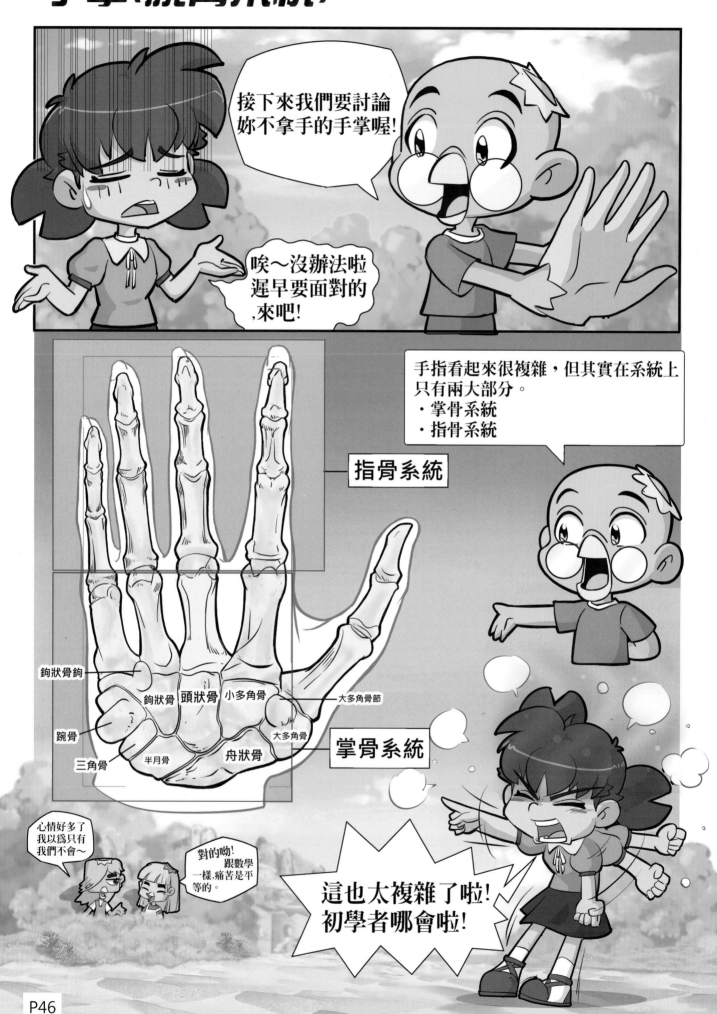

不用擔心，不是要妳都要這樣畫漫畫，而是透過複雜的結構，去了解，別人的簡易教學在教什麼～

會提到解剖骨骼的原因是，初學者在網路教學都會看到簡版教學，像以下例子：

方塊？？

在市場上，我們可以看到簡易手掌教學，多半都從兩個正方形開始。

正方形?手指頭不是五根嗎？

先將兩個正方形相加。

手掌(簡易符號與結構組合)

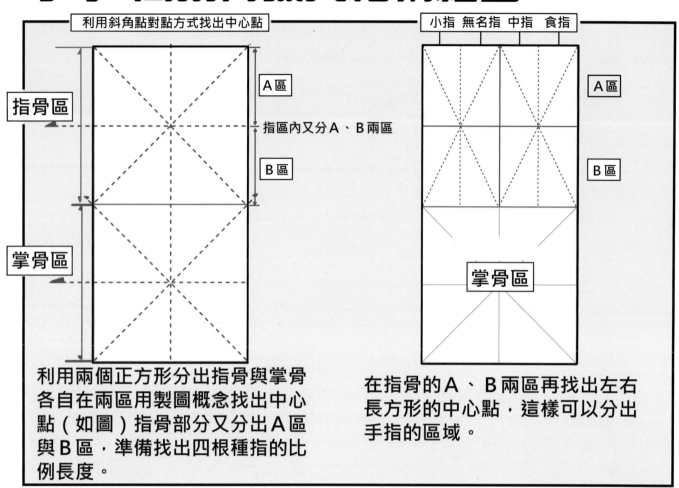

利用斜角點對點方式找出中心點

指骨區

掌骨區

A區

指區內又分A、B兩區

B區

小指 無名指 中指 食指

A區

B區

掌骨區

利用兩個正方形分出指骨與掌骨各自在兩區用製圖概念找出中心點（如圖）指骨部分又分出A區與B區，準備找出四根種指的比例長度。

在指骨的A、B兩區再找出左右長方形的中心點，這樣可以分出手指的區域。

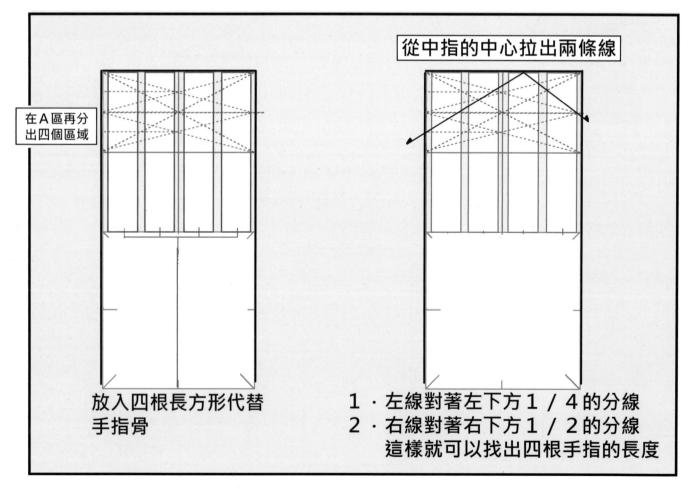

在A區再分出四個區域

從中指的中心拉出兩條線

放入四根長方形代替手指骨

1·左線對著左下方1／4的分線
2·右線對著右下方1／2的分線
這樣就可以找出四根手指的長度

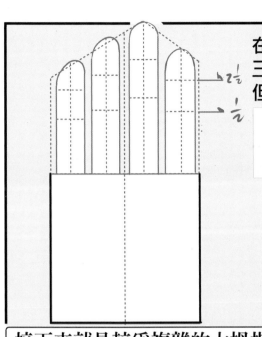

在每個指區除以二再除以二，就是每根手指三段"指節"的分段比例。

但!~再這簡易教學裡，初學者學習時要注意

一・"指節"會因手指長短而改變位置。

二・要活用比例概念，因為手掌會因人種基因，長短不一大小不一，千萬不可死背。

接下來就是較爲複雜的大拇指了我們必須用兩個角度來解釋。

一・爲手掌正面的比例分析

二・是拇指的動態與其他指頭的方向是不同的。

從中間延伸到掌骨的2又1/2畫上一條線就爲大拇指的三角區

大拇指露出的指節有兩段

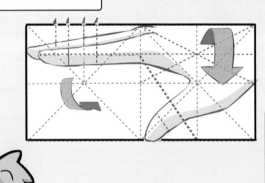

以側面來說大拇指和四指的運作方式不同，所以我們可以抓住實體物件。

等等，是我的錯覺嗎？剛剛兩個方塊還行，爲什麼一到拇指我就當機了？我還是去扣死好了

先別急著否定，其實不只拇指的問題，還有掌形問題。里長是建議多看教學，多方面複合式學習，就慢慢會的。

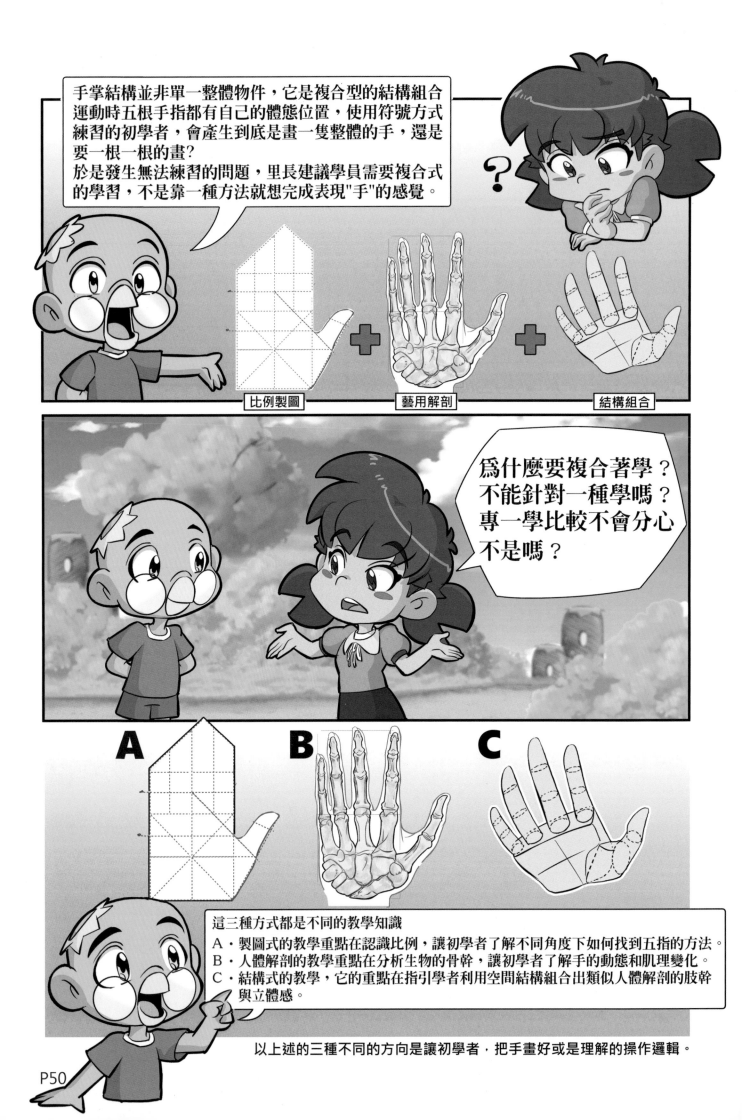

手掌結構並非單一整體物件，它是複合型的結構組合運動時五根手指都有自己的體態位置，使用符號方式練習的初學者，會產生到底是畫一隻整體的手，還是要一根一根的畫？
於是發生無法練習的問題，里長建議學員需要複合式的學習，不是靠一種方法就想完成表現"手"的感覺。

比例製圖　　　藝用解剖　　　結構組合

爲什麼要複合著學？
不能針對一種學嗎？
專一學比較不會分心
不是嗎？

A　**B**　**C**

這三種方式都是不同的教學知識
A·製圖式的教學重點在認識比例，讓初學者了解不同角度下如何找到五指的方法。
B·人體解剖的教學重點在分析生物的骨幹，讓初學者了解手的動態和肌理變化。
C·結構式的教學，它的重點在指引學者利用空間結構組合出類似人體解剖的肢幹與立體感。

以上述的三種不同的方向是讓初學者，把手畫好或是理解的操作邏輯。

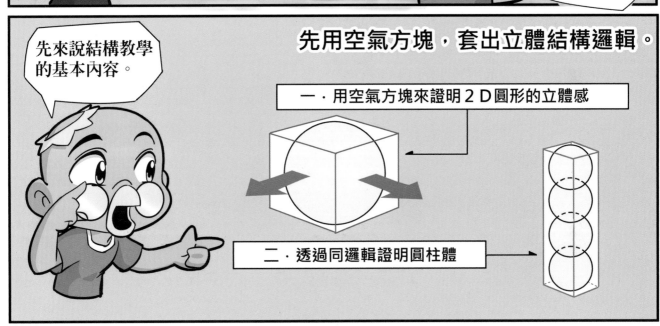

三‧以上邏輯已理解和多方向練習後套上手型比例的教學來作組合

A‧先將指骨肌理轉換成方塊與關節球

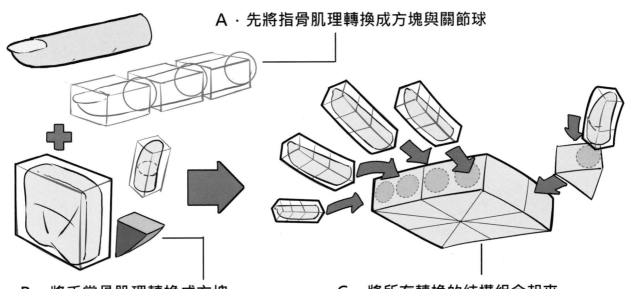

B‧將手掌骨肌理轉換成方塊
大拇指則轉成三角形方塊

C‧將所有轉換的結構組合起來
讓初學者瞭解立體與姿態。

初學者學完成方塊結構組合後，回頭看到網路範例就出現了疑問？
硬的正方形開始出現弧形角度或是軟化的表現。

等等！不是說正方形嗎？
為什麼變成像年糕軟軟的？

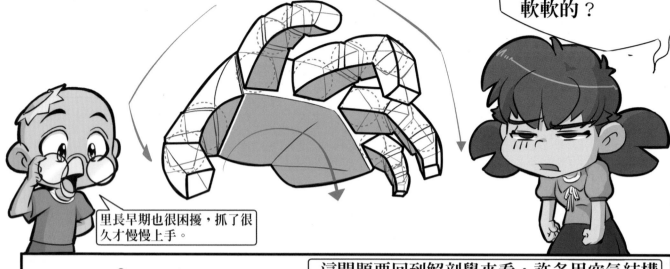

里長早期也很困擾，抓了很久才慢慢上手。

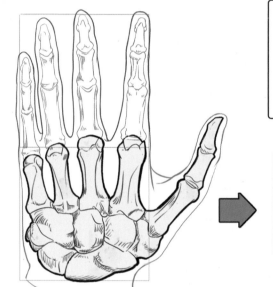

這問題要回到解剖學來看，許多用空氣結構方塊教學多半用外觀分析，用簡易方式分解結構。
但掌形裡其實有四根分開的掌骨系統，這也可以用解剖結構角度來加強概念。

掌骨

拇指骨

腕骨系統

手掌在握拳的時候，掌骨系統就會出現球形狀態，所以掌骨是會動的骨群系統。

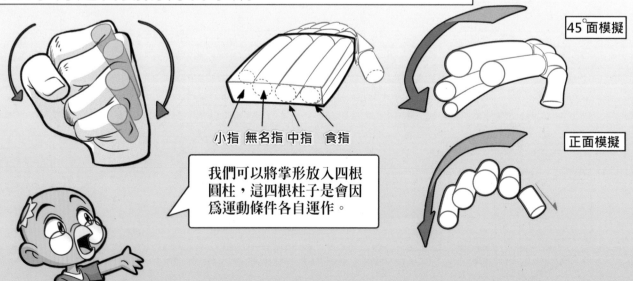

45°面模擬

小指 無名指 中指 食指

正面模擬

我們可以將掌形放入四根圓柱，這四根柱子是會因為運動條件各自運作。

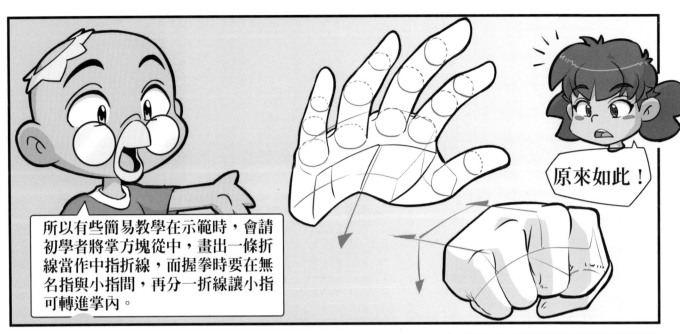

所以有些簡易教學在示範時，會請初學者將掌方塊從中，畫出一條折線當作中指折線，而握拳時要在無名指與小指間，再分一折線讓小指可轉進掌內。

原來如此！

喔～我懂了，里長的意思是漫畫人物作畫時不用畫出解剖骨型，而是理解骨骼結構後再學習，簡易空氣方塊的方法。

對啊
真好你理解了

快速模擬～

？

啊！
啊！

像這樣對不對
你看我會了！

嗯～我確定妳懂了
只是手有點殘～
該多練習手感了。

會不會聊天
咬殘你～

啊～
凱薩
救我！救我！
啊～原諒我！！住口～

腰部(脊椎系統)

可惡～我會變強的

息怒息怒！
我們來看下半身吧！

腰部脊椎結構，是五段脊隨形成的，它特別之處，就是沒有包住身體的骨骼，單純連結肋骨與骨盆的橋樑，其他支撐體態的是肌肉和筋膜，也因為這特性，我們人類可以做出這種不同角度的姿態和轉身。

腰部五節脊椎

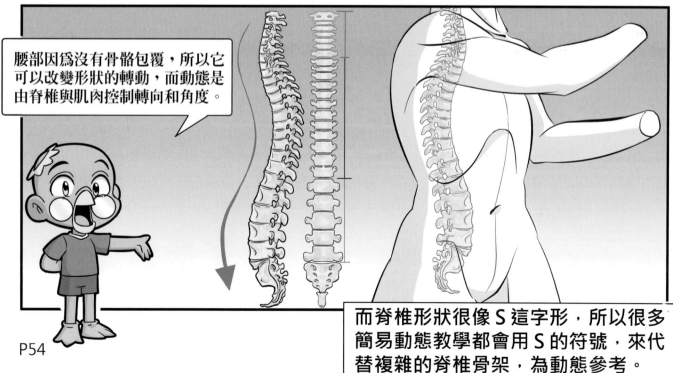

腰部因為沒有骨骼包覆，所以它可以改變形狀的轉動，而動態是由脊椎與肌肉控制轉向和角度。

而脊椎形狀很像S這字形，所以很多簡易動態教學都會用S的符號，來代替複雜的脊椎骨架，為動態參考。

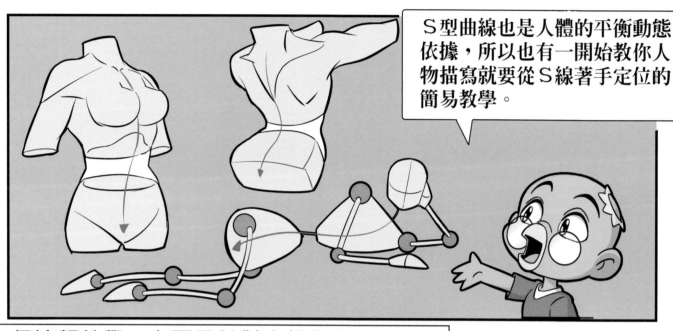

S型曲線也是人體的平衡動態依據，所以也有一開始教你人物描寫就要從S線著手定位的簡易教學。

但這類教學，主要是針對姿態與表演的練習，是比較進階一點的教學，初學者要先對人的"大體結構"有所認知，然後再來看這類教學，才能快速進入理解重點。

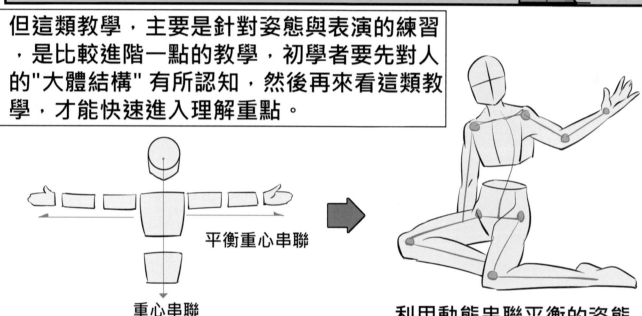

平衡重心串聯

重心串聯

利用動態串聯平衡的姿態

難怪我都看不懂為什麼線條突然變成結構！

很多初學者都有這方面的誤會。
讓我們回到結構認知吧！
下面是脊椎接到的立體骨盆結構。

骨盆（髖骨、薦椎骨與尾椎骨）

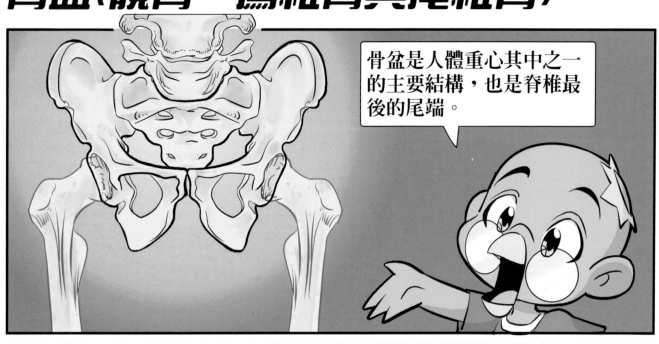

骨盆是人體重心其中之一的主要結構，也是脊椎最後的尾端。

骨盆的結構，是由三塊結構組合而成的。
中間是脊椎"薦椎"的尾端，左右兩邊是髖骨。

薦椎骨

髖骨

尾椎骨

髖骨

雖然看起來複雜，但是很多繪師也發現這個組合很像一個漏斗，所以再簡易教學多半都會用漏斗形或倒三角型來做結構形狀根據。

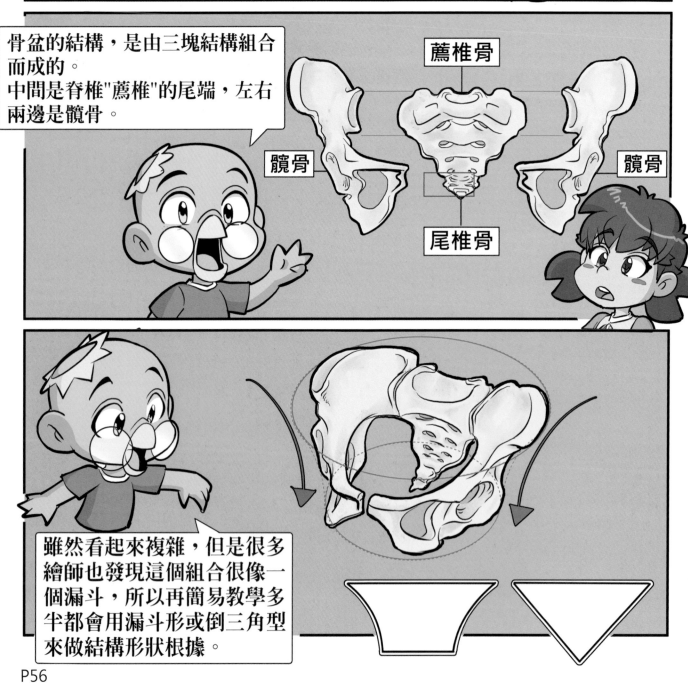

P57

大腿骨（股骨與大轉子）

"股骨"就是俗稱的大腿骨。臀型主要結構重點在股上端的大轉子。

大轉子

股骨

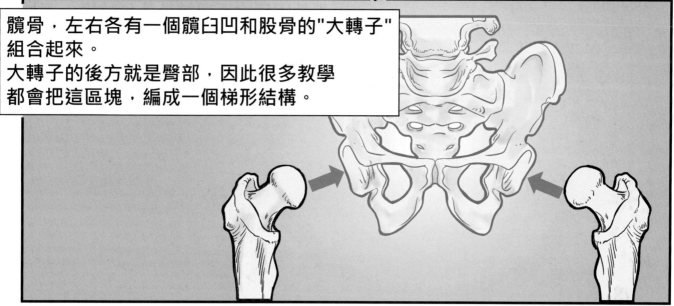

髖骨，左右各有一個髖臼凹和股骨的"大轉子"組合起來。
大轉子的後方就是臀部，因此很多教學都會把這區塊，編成一個梯形結構。

若用外型來看，它的確看起來像是骨盆整體結構。

恥骨位置

原來如此

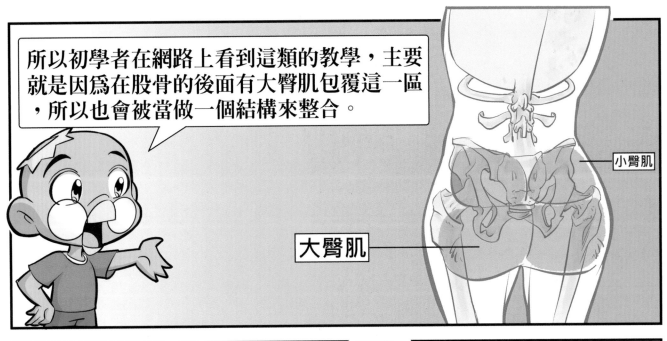

所以初學者在網路上看到這類的教學，主要就是因為在股骨的後面有大臀肌包覆這一區，所以也會被當做一個結構來整合。

小臀肌

大臀肌

網路上這兩種結構型，就是這樣來的。
接下來～我們來看大腿骨的長度比例。

說到長度，初學者注意要先扣掉上面提到的骨盆的區域，大腿長度剛好是兩顆正常頭臚大小。

扣除

原來是這樣

筆記中

臀部與比例

都是包在裡面有差嗎？這麼複雜幹嘛～

當然有差別啊～了解結構可以加強設計，也可以避免錯誤。

蛤～避免錯誤？不懂？

有些初學者不了解結構下學習外觀符號，在跟著市場喜好下開始創作大胸大臀的造型。

胸部的部分還好，因為沒有動到骨骼，但臀部加大，就會動到骨盆＋大腿股骨。
以至於骨型歪了，初學者有時連自己都覺得怪怪的找不到原因。

變形了

另一邊是正常的

註：人體結構在表演時需要各種姿勢，這些姿勢就很需要中心線來平衡畫面，結構若一邊變大，中心線就會被改變重心和畫面平衡就會歪掉。

小腿骨（脛骨、腓骨與髖骨）

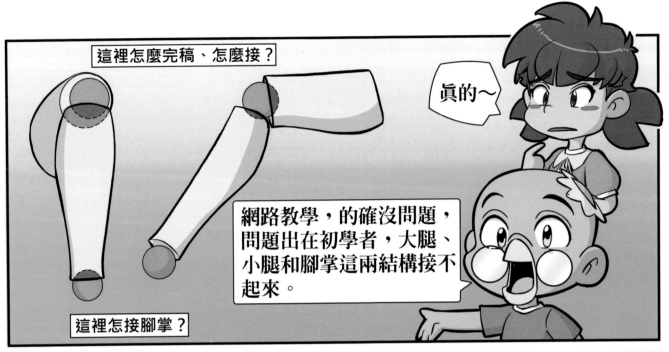

這裡怎麼完稿、怎麼接?

真的～

網路教學,的確沒問題,問題出在初學者,大腿、小腿和腳掌這兩結構接不起來。

這裡怎接腳掌?

因為初學者不理解,以至於出現兩種解決方式。

1・上色法,將連結地方畫上一個三角形陰影
2・硬接!將大小腿的肌理,連起來就對了。

硬接

嗚………

所以初學者很害怕畫到這個角度,而有經驗的繪師則不會害怕這角度。

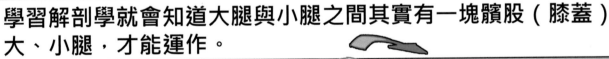

學習解剖學就會知道大腿與小腿之間其實有一塊髕股(膝蓋)大、小腿,才能運作。

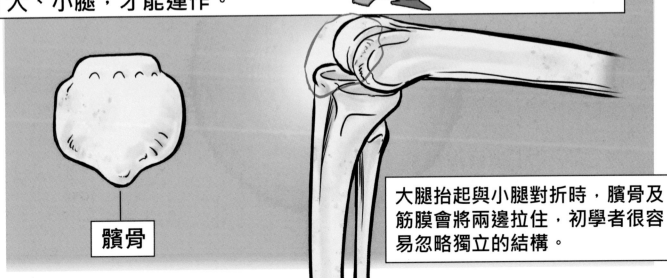

髕骨

大腿抬起與小腿對折時,髕骨及筋膜會將兩邊拉住,初學者很容易忽略獨立的結構。

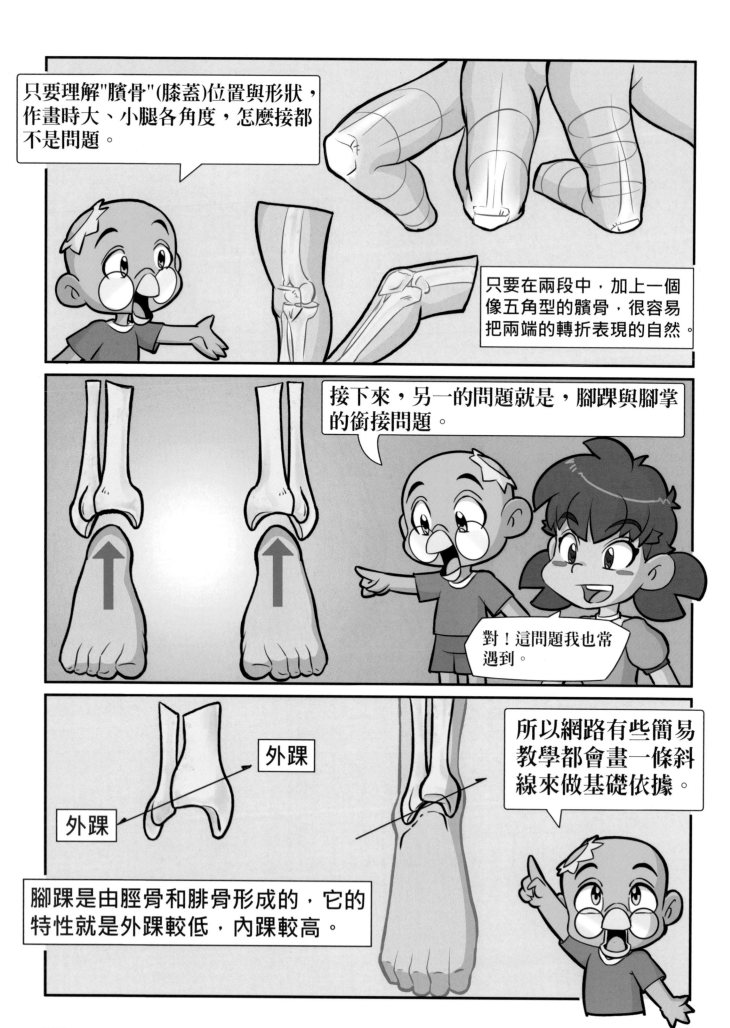

只要理解"髕骨"(膝蓋)位置與形狀，作畫時大、小腿各角度，怎麼接都不是問題。

只要在兩段中，加上一個像五角型的髕骨，很容易把兩端的轉折表現的自然。

接下來，另一的問題就是，腳踝與腳掌的銜接問題。

對！這問題我也常遇到。

外踝

外踝

所以網路有些簡易教學都會畫一條斜線來做基礎依據。

腳踝是由脛骨和腓骨形成的，它的特性就是外踝較低，內踝較高。

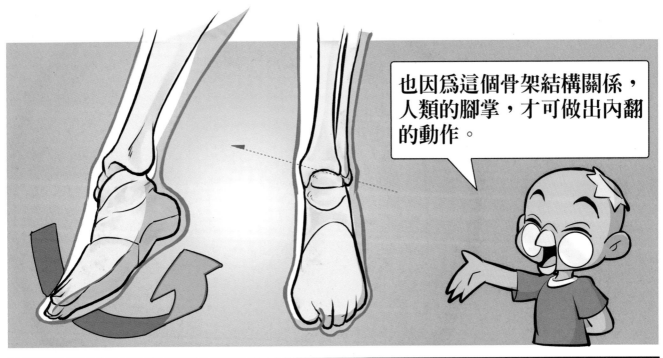

也因為這個骨架結構關係，人類的腳掌，才可做出內翻的動作。

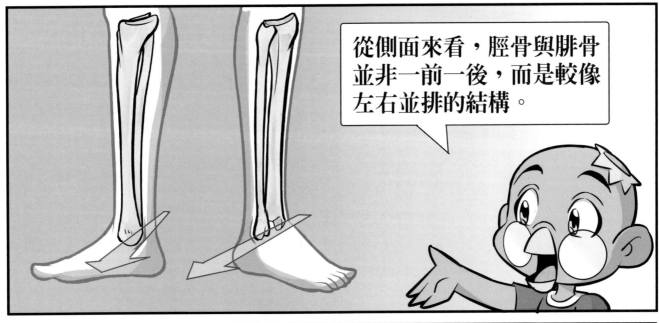

從側面來看，脛骨與腓骨並非一前一後，而是較像左右並排的結構。

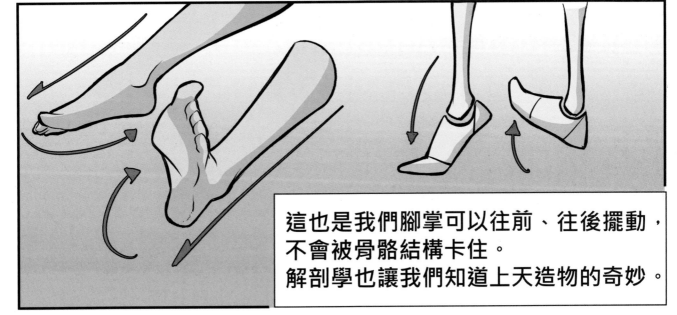

這也是我們腳掌可以往前、往後擺動，不會被骨骼結構卡住。
解剖學也讓我們知道上天造物的奇妙。

腳掌(掌骨系統)

我們順著小腿來看看腳掌結構吧!

好像手掌骨喔

趾骨

蹠骨

楔骨

舟狀骨

楔骨

距骨

跟骨的上方要和脛骨組合名稱叫〝距骨〞

腳底

腳掌和手掌的確很像,同樣可以略用兩個正方形,抓出總比例,唯一不同的是腕骨結構部分變成"足掌骨"群組。

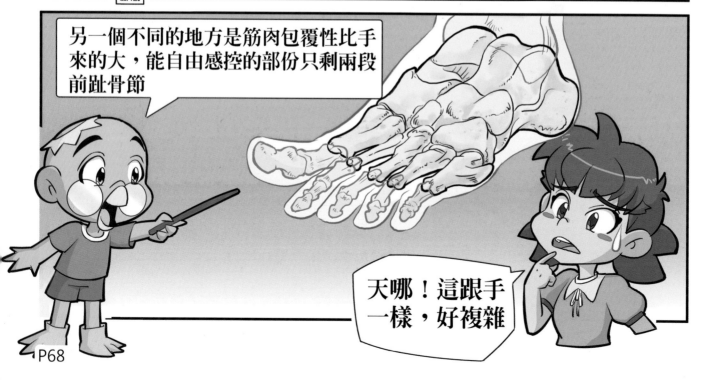

另一個不同的地方是筋肉包覆性比手來的大,能自由感控的部份只剩兩段前趾骨節

天哪!這跟手一樣,好複雜

不用擔心和手一樣很多教學都有化繁為簡的結構。

對耶～

但要懂解剖學才能知道爲什麼？繪師會把腳掌，分成四等分。

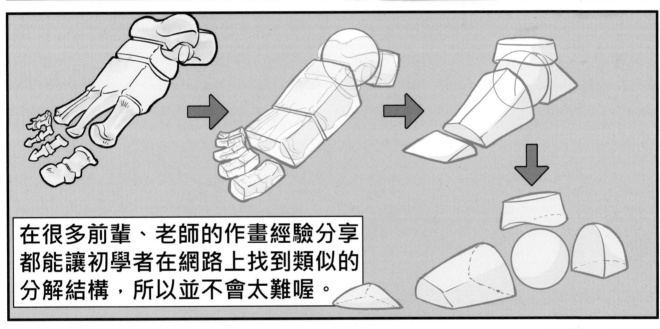

在很多前輩、老師的作畫經驗分享都能讓初學者在網路上找到類似的分解結構，所以並不會太難喔。

比例上四塊結構加起來的大小大約一個人頭的高度。
另外中間球體並不會著地，它會與腳後跟形成一個緩衝。

註：
邏輯只適用正常人類比例
卡漫人物有時頭部會變大

骨架組合與比例

腳掌有一個頭這麼大？怎麼可能?視覺上，腳沒有這麼大啊？？？

巨人腳?

哈!你發現了一個好問題!那是初學者都會有的錯覺。

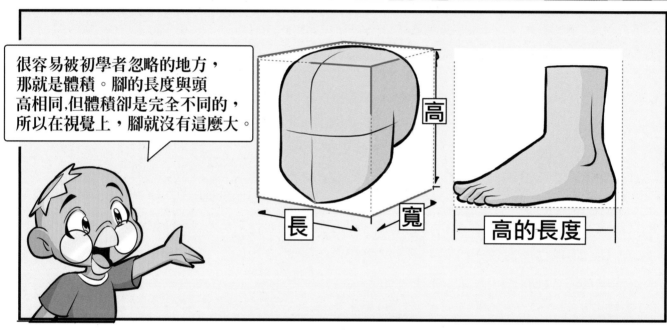

很容易被初學者忽略的地方，那就是體積。腳的長度與頭高相同,但體積卻是完全不同的,所以在視覺上，腳就沒有這麼大。

高

長　　寬

高的長度

所以了解骨骼結構不只是為了找體態的符號，還要了解各角度的骨骼藏在皮下的型態，這樣看解剖學才有意義。

我大概有概念了，了解骨骼其實是為了，知道結構的立體面向和符號並不是醫用的角度去分析骨骼的各種名稱。

沒錯!!就是這個重點。

卡漫解剖學的重點，並不是背誦各骨骼的名稱，而是理解哪些是一整塊結構，不會改變形體，而哪些又是多件組合的骨群，會改變角度姿態和轉動。

例如：

肋骨是很多骨骼組合的結構可是它是整塊結構，是不能被改變的形體，所以很多教學會用簡化矩形結構，來做立體空間基礎，這樣就可以方便打稿與設計姿態。

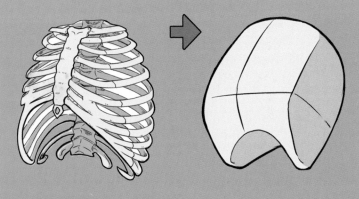

接下來～讓我們把所有骨件組合起來複習一下。

而"手"是多骨群組合它們都有肌肉控制，所以會改變多樣姿態。

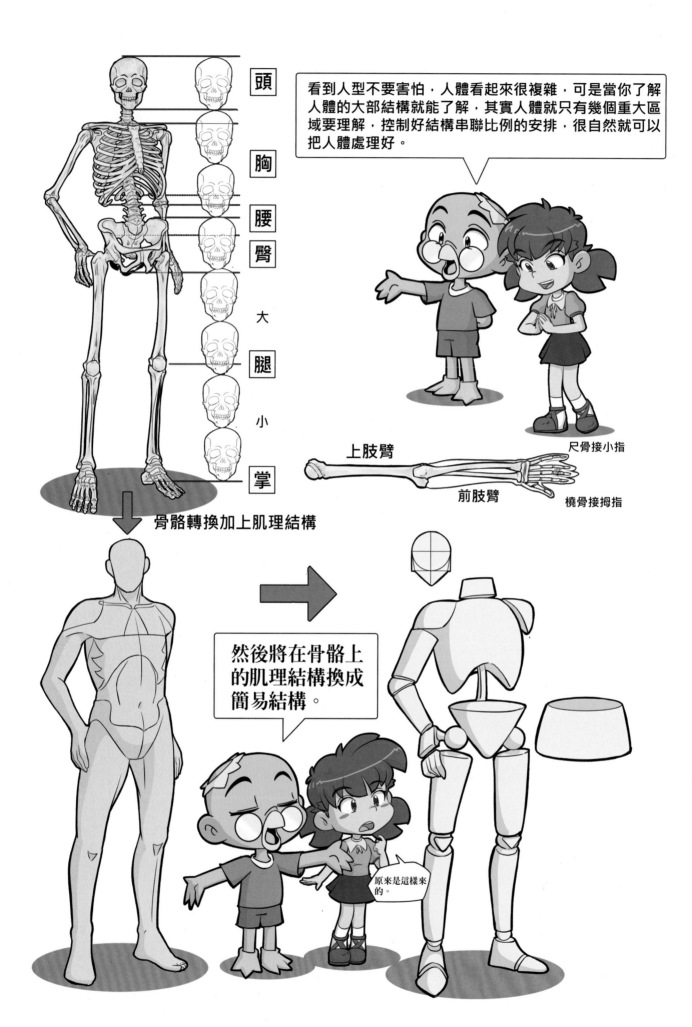

頭
胸
腰
臀
大
腿
小
掌

看到人型不要害怕，人體看起來很複雜，可是當你了解人體的大部結構就能了解，其實人體就只有幾個重大區域要理解，控制好結構串聯比例的安排，很自然就可以把人體處理好。

骨骼轉換加上肌理結構

上肢臂
前肢臂
尺骨接小指
橈骨接拇指

然後將在骨骼上的肌理結構換成簡易結構。

原來是這樣來的。

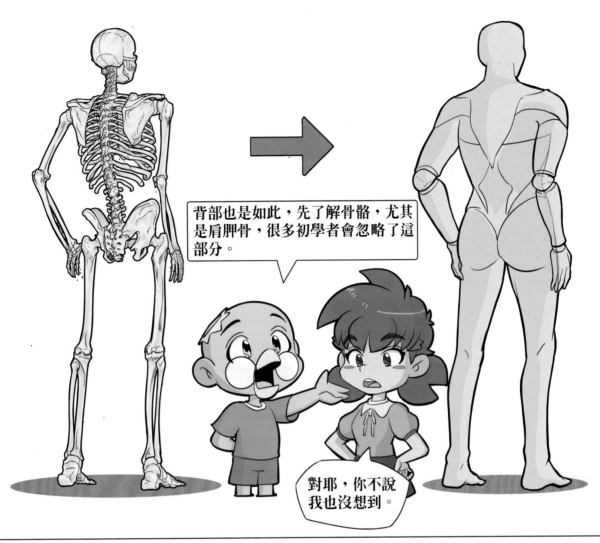

背部也是如此，先了解骨骼，尤其是肩胛骨，很多初學者會忽略了這部分。

對耶，你不說我也沒想到。

解剖骨骼，目的是為了瞭解人體分段結構，哪些部份能分一類結構，哪些又是因為關節可動，因此必須分開解讀。

因為骨骼組合的連動性，有很多模糊的重疊，因此有經驗的繪師都會有自己的解讀方式與簡化方法，所以初學者在學習簡化公式前，里長還是建議，先了解基礎的解剖學，這樣會比較快理解你想學習的對象或風格，是用什麼觀點分析人體造型。

骨架與肌肉

卡漫解剖學(骨骼篇)

編劇:童均元 / 繪者: 和童之村

發 行 人: 童均元
美術排版: 游海蓉、鍾汶霖
出 版 者: 大和童藝文工作室
印　　刷: 先施印通有限公司-台大店
地　　址: 新北市永和區福和路263巷24號5樓
電　　話: (02)29267938
手　　機: 0917591665 / 0916841879
官方網站: https://www.facebook.com/和童之村
定　　價: 新台幣 ４００ 元
電子信箱: graba168@gmail.com
I S B N: 978-626-95284-0-0
出版時間: 2021年 11月

國家圖書館出版品預行編目(CIP)資料

出版單位：大和童藝文工作室

卡漫解剖學. 骨骼篇
Comic anatomy / 童均元編劇；和童之村繪

ISBN 978-626-95284-0-0 （平裝）

1.骨骼 2.人體解剖學 3.漫畫

394.2 110017335

作者介紹

童均元
學歷
台灣藝術大學

生於 1970 年 於17歲開始進入動畫公司學習動畫
2004年轉換跑道進入遊戲產業製作遊戲製作，至
今有34年，動、漫美術經驗。
目前任職於"大和童藝文工作室"的社長。

經歷

大願動畫製作(東映在台分公司)_動畫練習生。

遠東動畫製作_動畫師。

宏廣動畫 / 構圖師 。

鴻鷹動畫 / 構圖師_構圖指導_海外指導。

公共電視台(水果奶奶) / 構圖指導 _執行美術。

東森電視(幼幼台) / yoyoman前制腳本動畫導演。

人類出版社 / 童書美術製作 。

和信多媒體戲谷分公司 / 美術副理 。

(遊戲橘子)果核數位科技股份有限公司 / 資深美術。

龍華科技大學_動畫/漫畫，約聘講師。

自由創作漫畫家。

Henry Tong

2021,10

大和童藝文工作室
Yamado tung Artist studio